Les habitudes des millionnaires

Comment devenir millionnaire avec les bonnes habitudes

Il comprend 17 secrets
de personnes riches

Luca Canizzaro

Sommaire

INTRODUCTION...6

CHAPITRE 1: CONSEILS POUR DEVENIR RICHE – PARTIE 1 9

Astuces pour atteindre l'indépendance financière ..10

CHAPITRE 2: CONSEILS POUR DEVENIR RICHE – PARTIE 2 24

D'autres conseils utiles 25

CHAPITRE 3: QUE DISENT LES EXPERTS? 36

Quatre méthodes vers la richesse (selon Corley) ...37

1ère méthode...*38*

2ème méthode...*39*

3ème méthode...*41*

4ème méthode...*42*

CHAPITRE 4: LES RÈGLES FONDAMENTALES..........45

Les sept règles les plus importantes........................46

2ème règle..*48*

3ème règle..*50*

4ème règle..*52*

5ème règle..*54*

6ème règle..*55*

7ème règle..*58*

Bref résumé..60

CHAPITRE 5: COMMENT RESTER MILLIONNAIRE ? .62

CONSEILS POUR PRÉSERVER LA RICHESSE 63
6ème possibilité : donner ou épargner 76
7ème possibilité : attention aux impôts...........76
8ème possibilité : réaliser vos rêves.................77

CHAPITRE 6 : 17 SECRETS POUR DEVENIR RICHE....79

À LA DÉCOUVERTE DES 17 SECRETS........................81

11ème secret : rechercher des résultats 89
12ème secret : s'amuser et gagner de l'argent : vous pouvez faire les deux. 90
13ème secret : la priorité à l'actif net.............91
14ème secret : bien gérer son argent 93
15ème secret : laissez l'argent travailler pour vous...93
17ème secret : la connaissance est importante 95

CONCLUSIONS..97

EXCLUSION DE RESPONSABILITÉ..........................100

DROITS D'AUTEUR..101

NOTES LÉGALES...102

Luca Canizzaro

Introduction

Avoir enfin un compte à six chiffres rendrait certainement plus de gens heureux que prévu.

Mais pourquoi la plupart des gens ne l'admettent-ils pas ? Bien sûr, chacun a ses propres motivations, mais il y a sûrement une grande démotivation sous-jacente.

Beaucoup de gens pensent qu'ils ne pourront jamais réaliser ce rêve. Pourquoi n'auriez-vous pas la chance de profiter d'autant d'argent ? Après tout, nous pourrions tous avoir une chance.

Tout le monde a vécu ces craintes, mais la plupart du temps elles sont infondées. Voici une affirmation que vous serez heureux de connaître: il n'y a personne au monde qui ne puisse avoir de grandes richesses. Avez-vous jamais pensé cela ? Il peut y avoir quelques exceptions, mais la question se pose toujours de savoir si ces personnes peuvent elles aussi changer leur vie pour la rendre meilleure. Dans la plupart des cas, c'est le contraire qui se produit. Les pensées négatives passent toujours au premier plan et l'on croit que la richesse est inaccessible. De cette façon, les rêves deviennent inaccessibles.

Maintenant, vous serez sûrement curieux et vous voudrez savoir comment vous pouvez faire face à une amélioration de votre situation économique. Vous le saurez bien assez tôt et vous serez surpris de savoir que ce n'est pas aussi difficile que vous le pensiez. Vous n'avez pas besoin de stratégies ou de technologies compliquées : vous pouvez même le faire grâce à des moyens simples.

Un outil important est nécessaire : le courage ! Si vous voulez changer votre vie mais vous n'en trouvez pas le courage, tout deviendra plus difficile.

Trouvez votre rythme ! Il n'est pas nécessaire de gagner beaucoup d'argent tout de suite. Si vous pouvez augmenter considérablement vos ventes, vous avez déjà fait le premier pas. Alors vous pouvez continuer à essayer de gagner de plus en plus d'argent ! Ensuite, si vous vous sentez en confiance, vous pouvez oser progressivement.

Il n'est pas nécessaire d'être un magicien ou un génie pour réaliser ce que beaucoup de gens rêvent. Il faut juste être patient et courageux ; de cette façon, vous avez déjà intériorisé deux des plus importantes conditions de base. Maintenant, vous vous demandez probablement quelle est la troisième. C'est facile : il suffit de lire ce livre ! Il sera votre guide au moment où vous en aurez le plus besoin. Vous êtes dans une impasse et vous ne savez pas comment procéder ? Sur ces pages, vous découvrirez comment procéder, en trouvant toujours la suggestion la plus appropriée. Agissez et réalisez votre plus grand rêve !

Chapitre 1: conseils pour devenir riche – partie 1

Brève explication

Enfin, vous pouvez cesser de vous demander si vous pouvez ou non vous permettre un article. Je suis sûr que vous avez souvent rêvé que vous n'aviez pas à vous soucier de cela. Il suffit de dépenser l'argent et d'être heureux ; c'est une pensée merveilleuse. Malheureusement, dans la plupart des cas, ce n'est qu'une utopie.

Faut-il que ce soit juste une pensée ? Vous pourrez peut-être répondre à cette question assez rapidement. Les conseils suivants vous montreront ce que vous pouvez faire pour améliorer votre situation financière, même en quelques années seulement.

Oui, un millionnaire potentiel pourrait se cacher en vous. Si vous riez et si vous ne croyez pas à cette déclaration, laissez-moi vous convaincre. Vous verrez que devenir riche n'est pas toujours aussi difficile que vous le pensez. C'est toujours une question de points de vue et de ce que vous voulez vraiment.

Maintenant, profitez de votre courte mais certainement intéressante découverte dans le monde des riches.

Astuces pour atteindre l'indépendance financière

1ère conseil: ne réfléchis pas tropo

Comment considérez-vous votre pouvoir de décision ? Êtes-vous une personne qui réfléchit longtemps avant de prendre une décision ? Dans ce cas, vous devez changer de direction. Des recherches ont montré que les personnes décrites comme "riches" sont très promptes à prendre des décisions. Pourquoi est-ce important ? Il y a une réponse très rapide à cette question : les personnes ayant des revenus élevés ont généralement beaucoup de responsabilités. Bien sûr, il ne faut pas généraliser, mais dans la plupart des cas, il en est ainsi.

Les tâches à accomplir sont innombrables et les choix à faire sont souvent nombreux. Si vous êtes une personne qui réfléchit longtemps, vous perdez un temps précieux. Voici un exemple : le matin, il y a une longue liste d'engagements que vous devez accomplir. Si vous ne pouvez en atteindre que la moitié, les autres engagements restent en suspens. Dans ce cas, vous devrez probablement en reporter certains au lendemain, et d'ici là, vous aurez accumulé tellement d'engagements que vous en aurez négligé quelques-uns. Non seulement cela vous coûte un temps précieux, mais en plus vous enlevez beaucoup de force mentale. .

Voici une autre situation possible : vous avez dû vous mettre en colère en regardant votre patron. Vous pensez qu'il gagne beaucoup plus d'argent en travaillant moins que vous, mais est-ce vraiment vrai ? Même si le patron ne semble pas faire les mêmes devoirs que les employés, cela ne signifie pas nécessairement qu'il travaille moins. Ce poste n'est pas moins utile que celui d'un employé, mais il a un objectif très précis. Bien sûr, il semble parfois que le patron travaille loin de ses employés, mais il n'y a pas de quoi s'inquiéter. Magari ti chiederai spesso che cosa stia facendo il tuo titolare quando non lo vedi.Vous vous demandez souvent ce quc fait votre patron quand vous ne le voyez pas. Souvent, il n'est pas au bureau ou loin de chez lui. Pendant cette période, essayez de ne pas oublier des engagements importants qui peuvent également servir à garantir que vous recevez votre salaire à temps.

Ne vous méprenez pas sur ces déclarations et ne pensez pas qu'elles sont un reproche. Ces déclarations ne devraient servir qu'à titre d'aide, pour montrer que souvent le succès du travail dépend de ce qui est fait "en coulisses".
En bref : même si parfois il semble que votre patron mène une vie tranquille au bureau sans trop de stress, la réalité est très différente. S'il prenait autant de temps libre et n'avait pas un

engagement constant, le patron ne pourrait pas gagner de l'argent. Il n'a pas beaucoup de temps pour réfléchir à une décision, car il pourrait perdre un temps fondamental au travail. Dans ce cas, la connaissance et la prise de décision rapide entrent en jeu.

Afin de ne pas perdre trop de temps à prendre une décision, essayez d'imaginer que si vous continuez de cette manière, le temps sera expiré. Cela pourrait-il être une option pour vous ? Si vous avez tendance à être lent, il est temps d'accélérer votre rythme. Il vous faudra peut-être un peu de pratique, mais avec le temps, vous ferez certainement des progrès.

2ème conseil: attitude

"Pourquoi cette personne est-elle riche ?" Vous êtes-vous déjà posé cette question ? La recherche d'une réponse ne vous a certainement pas laissé la bouche sèche. Vous avez peut-être raisonné par vous-même et plus d'une fois. Qu'avez-vous découvert ? Si vous avez trouvé une réponse, vous en êtes peut-être venu à la conclusion que les riches sont tout simplement très chanceux et qu'au mieux ils sont nés là. Vous pensez que certaines personnes sont riches par héritage.

C'est compréhensible, mais cette déclaration n'apporte rien de positif ! En fait, il vous dit très clairement que vous n'avez pas beaucoup de choix : soit vous êtes riche, soit vous ne l'êtes pas, fin de l'histoire !
En fait, ce n'est pas exactement comme ça. Il est vrai qu'il y a des gens qui sont nés riches, mais cette affirmation n'est pas toujours entièrement vraie. Ce sont plutôt les influences du monde extérieur et des autres êtres humains qui créent cette situation. Imaginez le fils d'un acteur célèbre. A cinq ou six ans, il n'a certainement pas encore de véritable fortune, mais il a un père à ses côtés qui a beaucoup d'argent. Le fils, qui est encore très jeune, recevra certainement tôt ou tard une partie de cette grande fortune. Enfin, c'est précisément cette influence qui lui donne souvent l'envie d'une carrière inhabituelle et plus rentable.

Revenons maintenant à votre attitude, car vous devriez la changer très bientôt. D'une certaine manière, il est vrai que les gens peuvent naître riches, mais cela ne veut pas dire qu'ils ne peuvent pas le devenir.

Tout est dans votre façon de penser et votre tactique. Ces deux choses peuvent

vous aider et prouver qu'il existe un autre moyen efficace de faire fortune. Il y a beaucoup de gens qui ont simplement eu de la chance et qui n'ont peut-être pas eu à faire grand chose pour gagner leur vie. Il y a aussi beaucoup de gens qui ont dû transpirer pour gagner tout ce qu'ils possèdent. Ils ont trouvé des moyens de gagner de l'argent et l'ont investi de manière rentable. Peu importe qui sont les parents ou les proches : tout dépend d'une personne et bien sûr, vous pouvez aussi suivre cette voie !
Travaillez dur et changez votre attitude pour le mieux.

3ème conseil: fixer des objectifs

Chacun a sa propre vie ; à quoi ressemble la vôtre ? Comment vivez-vous ? Cette question peut sembler étrange et hors contexte, mais elle a beaucoup en commun avec l'argent. Chacun est différent dans sa façon de penser et de vivre. Il y a des gens qui se lèvent chaque jour avec un objectif fixé et il semble que rien ne les arrête. Même si ces personnes rencontrent plus d'un obstacle par jour, elles ne s'en soucient pas. Ils ont un objectif en tête et sont prêts à se battre pour l'atteindre.

Bien sûr, il y a aussi l'autre côté de la médaille. Il y a des gens qui ne savent pas exactement ce qu'ils veulent. Ils se lèvent tous les matins, bien sûr, mais ils ne sont pas pleinement motivés pour tirer le meilleur parti de la journée. Ils s'assoient peut-être à table le soir et réfléchissent à ce qu'ils pourraient faire le lendemain. Lorsque le moment est venu, le processus se répète. Il est préférable pour eux de postposer plutôt que d'agir. Ils vivent au jour le jour sans avoir de but précis. Seront-ils jamais heureux ?

Il n'est pas nécessaire de répondre à cette question, mais c'est un point de départ. Qui, selon vous, arrivera plus vite à destination et s'enrichira : sera-t-il celui qui se lève plein d'enthousiasme et d'objectifs, ou celui qui vit au jour le jour sans trouver un sens à ce qu'il fait ? Vous savez sans doute que la personne numéro 1 sera plus chanceuse en termes de richesse, car elle sait clairement ce qu'elle veut et c'est exactement l'une des clés du succès.

Ce n'est pas une question de statut ou de capacité. Ces deux points jouent certainement un rôle très spécifique, mais ils ne déterminent pas si une personne peut être pauvre ou riche. Il est important que la personne sache quel est son véritable objectif. La plupart des gens ne le savent pas ; beaucoup passent d'un plan à l'autre sans s'en tenir aux objectifs fixés. Cela peut sembler difficile à croire, mais c'est malheureusement un événement quotidien très récurrent.

Demandez-vous combien de fois vous n'avez pas terminé une activité ou l'avez reportée au lendemain. Ce sont les petites choses qui peuvent faire beaucoup à long terme. Il ne faut pas être trop dur avec soi-même ! Le renvoi d'une activité ne réduira pas automatiquement votre richesse.

Le message central de cette suggestion est que les gens qui s'en tiennent à leurs plans et savent exactement ce qu'ils veulent peuvent s'enrichir à long terme. Si vous êtes fermement convaincu que vous voulez devenir riche, vous y arriverez. Cela peut sembler plus facile que cela ne l'est actuellement, mais cela peut vous motiver et vous aider à rester concentré. Tout est possible et peu importe qui vous êtes et d'où vous venez ! Si vous savez quel est votre rêve, vous pouvez le réaliser. Parfois, il faut juste un peu plus de temps et de patience.

4ème conseil: accepter les échecs

Malheureusement, l'échec fait partie de la vie et quiconque affirme que son travail et ses idées ont toujours été couronnés de succès peut mentir non seulement aux autres, mais aussi à lui-même. La vie quotidienne est pleine de petits obstacles, qui peuvent être décrits comme des "échecs". À quand remonte la dernière fois où vous n'êtes pas arrivé là où vous vouliez être ? Peut-être que cela ne fait pas si longtemps et que vous avez été tellement blessé que vous y pensez encore. Si rien de grave n'est arrivé, alors c'est quelque chose de facile à surmonter, mais ce n'est pas toujours comme ça.

Imaginez que vous ayez une grande idée entrepreneuriale. Vous envisagez depuis longtemps de le mettre en œuvre. Vous avez un plan et vous avez investi beaucoup de temps dans vos pensées et vos idées. Puis le grand jour est enfin arrivé. Vous avez présenté vos idées et vous y avez mis tout votre cœur. Si vous êtes d'humeur positive, quittez la présentation et vous êtes sûr qu'elle a fonctionné ; vous êtes convaincu que vos auditeurs seront également d'accord avec ce que vous avez dit. Malheureusement, ce n'est pas exactement comme ça. Ils vous remercient d'être venus et de votre temps, mais souvent vous ne correspondez pas à ce qu'ils voulaient. Vous êtes déçu et vous ne pouvez évidemment pas comprendre cela.

Il est tout à fait normal et compréhensible que vous soyez triste et démotivé. Vous n'avez pas le choix : vous devez accepter cette décision et vous mettre dans la tête que votre rêve n'est pas possible. Mais qui sait, peut-être que ceux que vous avez rencontrés n'étaient pas les bons auditeurs ! Vous devriez également envisager cette option.

En fin de compte, quelle que soit la façon dont vous exprimez vos idées, si vous avez la chance de "toucher la cible", vous obtiendrez quelque chose d'important. Vous savez quoi ? C'est quelque chose que personne ne peut vous voler, et cela s'appelle une expérience ! Vous avez appris et découvert que cette voie n'était pas la bonne. Peut-être s'agissait-il simplement d'une présentation incertaine ou, comme mentionné précédemment, le public n'était tout simplement pas adéquat pour partager les mêmes idées que vous.

Vous pouvez vous détendre un peu, mais ne prenez pas trop de temps. Acceptez ce qui vous est arrivé et tirez le meilleur parti de votre situation. Vous avez toujours votre plan et vos rêves. Si ça ne marchait pas aujourd'hui, ça pourrait marcher demain. Aucun riche au monde ne passe beaucoup de temps à broyer du noir. De cette façon, vous ne pouvez pas procéder. Servez-vous de ce que vous avez appris jusqu'à présent. À un moment donné, vous rencontrerez les bonnes personnes et vous pourrez à nouveau faire ressortir le meilleur de vous-même et de votre idée.

En bref : l'échec fait partie de la vie, tant dans le domaine privé que professionnel. Ce qui est important, c'est ce que vous en faites pour vous et vos rêves. Ne restez pas longtemps immobile, mais continuez, même si vous pensez que c'est difficile. Vous êtes bon et vous avez de solides objectifs ! Trouvez ce qui est important pour vous et restez concentré !

5ème conseil: établir des priorités

Qu'est-ce qui est important pour vous et qu'est-ce qui ne l'est pas ? PPour beaucoup de gens, il existe une structure très claire : d'abord la famille, puis tout le reste. Bien sûr, c'est louable et correct, mais maintenant, si telle est votre pensée, vous devriez y réfléchir un moment.

Il est évidemment merveilleux de passer du temps avec sa famille et son partenaire. Il vous rend heureux et vous permet de faire une courte pause dans votre vie quotidienne et professionnelle stressante. Mais que peut représenter cette pause pour votre richesse ? Imaginez que vous êtes sur le point de mettre en œuvre votre nouvelle idée d'entreprise. Vous avez créé une entreprise qui n'en est qu'à ses débuts. De quoi a-t-il besoin au départ ? C'est presque comme dans la vie réelle : des soins et de l'attention ! Vous devez donner tout ce que vous pouvez pour garder ce pour quoi vous vous êtes sacrifiés. Peut-être avez-vous besoin d'attirer des clients et d'en convaincre de nouveaux. Le succès est merveilleux et vous donne des sentiments positifs, mais est-ce suffisant ? Non, probablement pas !

Pour réussir davantage à l'avenir, vous devez continuer à y consacrer vos efforts. Vous devez considérer une chose : même si votre premier client a une grande confiance en vous, cela ne signifie pas qu'il restera à vos côtés pour toujours. Bien sûr, c'est possible et cela peut vous rester fidèle toute votre vie, mais vous devez essayer d'être sûr et ne rien laisser au hasard. Bien qu'il promette de rester votre client habituel, les attitudes et les circonstances peuvent changer au fil du temps.

Ce n'est pas facile de dire à votre fils que vous ne pouvez pas être avec lui parce que vous travailler ! Mais vous pouvez être sûr que même les moments les plus difficiles prendront fin et que vous serez heureux d'avoir franchi cette étape importante.

Fixez-vous donc un objectif très clair : dans la phase initiale de votre idée, mais aussi pendant votre période d'activité, le travail doit toujours avoir la plus haute priorité. Même si ce ne sera pas toujours facile, vous serez sûrement récompensé. Cela peut prendre un peu de temps, mais vous pourrez ensuite planifier votre temps de manière optimale. Vous n'aurez plus à reporter les propositions de vos enfants ou de votre partenaire. Vous pouvez simplement mettre votre travail de côté et sortir avec eux ou partir en vacances.

Ce sont de bonnes perspectives, n'est-ce pas ? Avec ces pensées en tête, il vous sera certainement plus facile de prendre un départ tortueux.

Bien sûr, faire une exception n'est pas mauvais. Il est certain que ce n'est pas bon pour vous et votre entreprise si vous avez des problèmes familiaux. Dans ce cas, on n'est pas toujours en mesure de tirer des bénéfices entrepreneuriaux de toute façon.

Réfléchissez bien à ce qui est important pour vous et à ce qui est le plus négligeable !

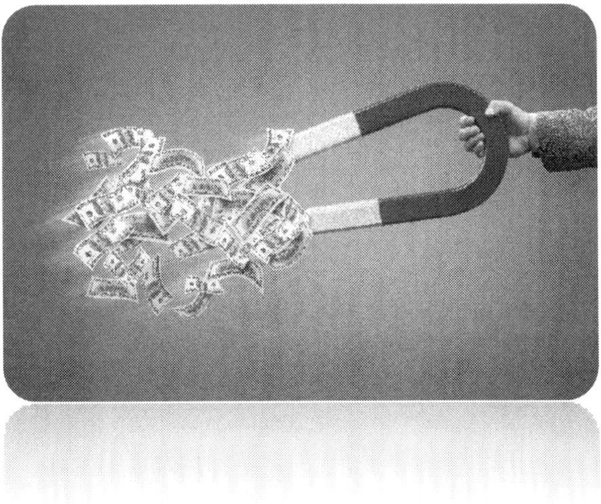

Chapitre 2: conseils pour devenir riche – partie 2

Encore plus de changements pour votre objectif

Les précédents étaient des informations dont vous n'avez peut-être jamais tenu compte. Lorsque les lois, elles semblent concluantes et semblent avoir un effet positif sur la mise en œuvre, mais elles apportent aussi un grand changement. Il peut être nécessaire de révolutionner complètement la vie quotidienne. Les choses que vous avez faites jusqu'à présent ne sont plus si faciles à "concilier".

Êtes-vous prêt à révolutionner et à construire un nouveau quotidien ? Si vous êtes d'accord et si vous êtes curieux de savoir ce que vous pouvez faire d'autre, les prochains conseils vous convaincront sûrement.

Prenez une grande respiration avant de poursuivre votre lecture, car ce chapitre contient des conseils encore plus surprenants. Ils vous inspireront et vous ouvriront de nouvelles voies. Votre chemin vous aidera à atteindre votre objectif ; au final, il y aura une richesse que vous n'avez peut-être qu'imaginée - du moins jusqu'à aujourd'hui !

D'autres conseils utiles

6ème conseil: formation

Il y a toujours beaucoup de choses à faire. Parfois, la journée devrait avoir beaucoup plus d'heures. Si vous voulez aller plus souvent à la salle de sport ou continuer à lire les livres que vous avez commencés, vous feriez mieux de réduire votre routine quotidienne. En fait, on ne peut pas tout comparer ! Du moins, pas humainement !

Il est très important de poursuivre vos études. Vous devez être un expert absolu dans votre domaine. S'il vous arrive de ne pas savoir quelque chose, vous devriez au moins connaître le livre où vous pouvez chercher l'information que vous recherchez. Bien sûr, cela ne fonctionne pas toujours. Si un client a une question à vous poser et que vous ne pouvez y répondre immédiatement, dans la plupart des cas, elle ne fait pas la lumière sur votre compétence et donc aussi sur votre entreprise.

Au sommet de la liste des compétences que vous devez posséder, il n'y a pas que l'éducation. Une bonne culture générale est plus qu'importante. À quelle fréquence lisez-vous le journal et vous intéressez-vous à d'autres choses en dehors de votre domaine ? Si ces deux activités ne sont que rarement réalisées, vous devez reconsidérer votre décision.

Il arrive souvent que vous soyez impliqué de manière inattendue dans une conversation avec un client, dont le contenu peut se rapporter à des événements généraux dans le monde entier. Si vous ne pouvez répondre que par un signe de tête et que vous ne savez pas vraiment de quoi il s'agit, votre interlocuteur le remarquera lui aussi.

Essayez de trouver un bon équilibre. Il ne s'agit pas de mémoriser le quotidien chaque matin et de dévorer un livre de non-fiction après l'autre, car il faut trouver du temps pour son travail. Découvrez les événements les plus importants de la journée. Si vous ne pouvez pas parler d'un événement, cela n'aura certainement pas de conséquences négatives majeures, mais il est important de ne pas perdre de vue l'essentiel et aussi d'être conscient de ce qui se passe au-delà du travail.

Voici l'essentiel : éduquez-vous autant que vous le pouvez. Devenez un expert dans votre domaine et "sortez des sentiers battus". Si vous pouvez le faire et que vous pouvez combiner culture et travail, vous êtes en bonne voie pour atteindre votre objectif de richesse.

7ème conseil: s'entourer de personnes qui ont réussi

C'est très agréable de réussir, n'est-ce pas ? Vous voulez l'avoir aussi, et il y a un moyen facile de l'obtenir. Entourez-vous de personnes qui ont réussi et vous vous rendrez vite compte que vous ressentez la même chose. Si vous pensez que cela ne marchera pas après tout, essayez de regarder votre vie.

Au fil du temps, chacun aime à assumer certaines caractéristiques de la personne avec laquelle il est souvent. C'est notamment le cas du partenaire. Il est évident qu'il doit y avoir beaucoup de sympathie entre vous et que vous devez passer beaucoup de temps avec cette personne. Il ne faut pas grand chose pour que le comportement de l'autre personne se reflète en vous. Il peut s'agir de gestes du corps ou de mots. Vous le remarquerez avec difficulté, ou du moins très rarement. D'autres personnes sont plus susceptibles de le remarquer.

Ce nouveau comportement n'est pas mauvais. Imaginez que cela se passe avec un collègue qui a réussi ! Il est certain que l'idée vous vient que vous pourriez vous sentir beaucoup plus petit que vous ne l'êtes vraiment ! Mais ce ne sont que vos pensées, ce n'est pas nécessairement la vérité.

Les grands entrepreneurs essaient toujours de voir le potentiel de chaque chose. Vous pouvez apprendre de ces personnes et devenir plus confiant dans

vos actions. C'est cette courte frontière qui détermine qui est prêt pour un grand succès.
Vous n'avez pas besoin de vous sentir inférieur, car vous avez déjà accompli tant de choses. Le moment est venu de faire un pas en avant et d'apprendre quelque chose des personnes qui étaient autrefois exactement là où vous êtes maintenant. Regardez devant vous et apprenez.

Il ne s'agit pas toujours d'être meilleur que ses collègues. Essayez de changer de perspective, même si cela peut être très difficile, surtout au début. Personne ne veut que tu sois coincé. Au contraire, si vous connaissez d'autres expériences que la vôtre, vous pouvez éviter de nombreuses erreurs et de mauvaises décisions qui auraient pris beaucoup de temps à se résoudre.
Entourez-vous de personnes qui ont réussi pour réussir - ça marche vraiment !

8ème conseil: indépendance

Vous êtes-vous déjà demandé à quoi ressemble le travail d'un millionnaire ? Ce que nous voulons dire concrètement : est-il un travailleur indépendant ou un salarié d'une entreprise ? Vous pouvez répondre correctement à cette question dès maintenant. La plupart des personnes qui ont réussi à accumuler une grande richesse sont des travailleurs indépendants.

Si vous travaillez et opérez de cette manière, vous pouvez tout déterminer vous-même. Vous pouvez décider où et quand dépenser de l'argent et dans quoi investir. De plus, les travailleurs indépendants gagnent du temps, notamment parce qu'ils n'ont pas à demander l'aide d'un patron. Dans ce cas, vous êtes le patron et vous décidez de ce qui se passe ensuite.

Toujours pas convaincu ? Alors demandez-vous : à quelle fréquence pouvez-vous espérer une augmentation de salaire dans votre emploi ? Normalement, cela n'arrive que très rarement. Bien sûr, il y a aussi des exceptions, car certaines entreprises paient leurs employés un peu plus chaque année. Malheureusement, aujourd'hui, ce n'est plus la norme. Souvent, un employé fait un excellent travail pendant de nombreuses années sans perdre un temps précieux et attend pourtant en vain une petite augmentation. Vous savez sûrement déjà ce qui ne peut pas arriver : vous ne pourrez jamais devenir millionnaire ! Ceux qui poursuivent ce rêve avec de telles conditions attendront en vain sa réalisation.

Bien sûr, travailler de manière indépendante est une autre affaire. Dans ce cas, il n'est pas impossible d'obtenir une augmentation. Tout ce qui compte, c'est que vous soyez prêt à faire quelque chose pour y remédier. En arrière-plan, bien sûr, il doit y avoir de bonnes performances et votre engagement. Il n'y a rien de plus à considérer qu'un bon travail. Vous ne pouvez espérer une augmentation de salaire sans vous engager réellement et de manière constante.

En tant qu'indépendant, vous décidez vous-même combien vous voulez travailler et, à la fin du mois, vous percevrez une augmentation qui vous rendra sûrement heureux. Faire le compte à la fin du mois peut devenir une surprise qui vous rend plus détendu !

9ème conseil: sources multiples de revenus

Avoir plus de sources de revenus semble impliquer beaucoup de travail et, bien sûr, beaucoup plus de responsabilités, mais il y a un gros avantage : vous pouvez espérer encore plus de ventes, et si une source ne se porte pas si bien, vous en avez d'autres sur lesquelles vous pouvez compter.

La plupart des gens riches qui sont responsables de leur bonheur financier ont fait de même. SCela semble assez compliqué, mais l'exemple suivant peut vous aider : imaginez que vous êtes actif dans l'immobilier. Vous pouvez diversifier très largement vos actions. Vous pouvez par exemple proposer des cours et des séminaires de formation et, si vous ne pouvez pas en prévoir, vous pouvez toujours continuer à vendre des biens immobiliers. Il est également envisageable de louer des propriétés et, bien entendu, cela irait de pair avec la vente. Vous pourriez également développer un site web, qui pourrait fournir des informations sur des sujets qui vous sont familiers et des livres électroniques utiles pour les débutants, qui peuvent bien sûr être achetés.

Cette petite liste de possibilités vous montrera quelques idées possibles. Bien entendu, vous pouvez choisir ou créer de nouvelles idées de revenus en fonction de ce qui vous plaît. Si vous ne vous sentez pas à l'aise avec un site web, vous trouverez certainement une autre option que vous aimerez.

Il est important que vous soyez vraiment expérimenté dans les domaines que vous voulez impliquer, afin de ne pas faire de faux pas. Ne prenez pas trop de risques dans un certain domaine, sinon le grand avantage que vous avez acquis d'un côté pourrait se dissoudre très rapidement de l'autre.

Si vous en avez l'occasion, faites quelques recherches avant de commencer. Une fois commencé, il est difficile de revenir en arrière ou de le mettre en œuvre. C'est possible, mais vous devez l'éviter dès le début, afin de vous protéger des mauvaises surprises. Néanmoins, le fait d'avoir plus de sources de revenus sécurise vos gains. Si les choses ne vont pas bien, vous pouvez également compter sur une source secondaire et, en même temps, vous pouvez être sûr que, même en cas de temps d'arrêt personnel (pour une maladie, par exemple), vous pouvez toujours obtenir un revenu sûr.
Ayez du courage et faites de votre mieux !

10ème conseil: dépenser de l'argent

Beaucoup de gens qui veulent augmenter leur richesse en peu de temps font une grosse erreur. Ils investissent leur argent, mais ne le déposent pas à la banque. Bien qu'il y ait toujours des opinions contradictoires sur le fait qu'il est sans doute préférable de les garder à la maison, ne le faites pas. S'ils restent à la maison, vous avez tendance à les dépenser beaucoup plus rapidement pour des choses dont vous n'avez pas vraiment besoin. Lorsqu'ils sont maintenant déposés à la banque, il n'est généralement pas si facile de les retirer, car si vous en avez vraiment besoin, vous y réfléchissez à deux fois avant.

Il y a une autre question : où votre argent est-il le mieux gardé ? Compter sur la banque, c'est définitivement mieux que de garder de l'argent à la maison dans un placard. Bien sûr, ce n'est pas nécessairement un bon choix de toute façon, car chacun choisit ce qui est le mieux pour lui. Le fait est que l'inflation prive une banque d'une grande partie de sa valeur.

Mais si vous voulez investir, ne le faites pas par l'intermédiaire de la banque. Les avis sont complètement différents : qu'en est-il de l'achat d'actions ou de fonds d'investissement ? Si vous n'y avez pas pensé, pensez-y. Une bonne option est d'investir dans une assurance retraite. Cela est particulièrement précieux pour les travailleurs indépendants et offre également une sécurité pour l'avenir.

Ne prenez pas votre décision sans y avoir réfléchi au préalable et prenez votre temps. Evaluez ce qui vous est utile et ce qui ne l'est pas. Parce qu'en plus de nombreux avantages, toutes les options ont aussi des inconvénients, alors ne vous décidez pas du jour au lendemain. Après tout, c'est de l'argent que vous avez si durement gagné.
C'est vous qui décidez comment les utiliser et surtout à quels risques les soumettre !

Chapitre 3: que disent les experts?

Du point de vue d'un professionnel

Tous les gens se demandent sans doute ce que ce serait de voir enfin un chiffre à six chiffres sur un relevé bancaire.

Sans aucun doute, ce serait une bonne chose et, bien sûr, pas si courante. Vous avez déjà compris comment faire. Les instructions précédentes peuvent être essayées et modifiées par tout le monde.

Mais que disent les gens lorsqu'ils sont entourés de riches et de nantis tous les jours ? Vous avez la possibilité d'avoir un aperçu plus précis de ce qui se passe dans leur vie. Vous lirez des histoires que nous ne pouvons pas vivre constamment dans la vie quotidienne, en découvrant quelque chose qui peut avoir été caché pendant longtemps.

Tom Corley est l'une de ces personnes. Vous n'avez probablement jamais entendu parler de lui, car son nom n'est pas encore très connu. En 2004, il a interviewé des millionnaires pour son étude sur les habitudes des millionnaires. L'objectif était de découvrir comment ces personnes vivaient leur vie et comment et pourquoi elles ont fini par être qualifiées de millionnaires. L'accent a été mis sur les questions d'habitudes et de petits détails.

Corley a interrogé des personnes qui possédaient déjà au moins 3,2 millions de dollars et avaient un revenu de 160 000 dollars par an.

Corley a pu se concentrer très rapidement sur un chemin clair et il est arrivé à la conclusion que chaque personne ayant une grande richesse accomplissait des actions similaires. A l'issue de ses entretiens, il a pu résumer quatre méthodes qui mènent à la richesse. Il est évident qu'une telle chance était souhaitée par les personnes qui travailleraient pour elle..

Vous êtes curieux ? Découvrez les quatre méthodes pour trouver le bonheur et gagner beaucoup d'argent !

Quatre méthodes vers la richesse (selon Corley)

1ère méthode: stratégie épargnant-investisseur

Cet itinéraire semble être le plus facile à suivre. Il a été choisi par 22 % des personnes interrogées par Corley. Pour réussir, il est particulièrement important de commencer tôt.

Grâce à cette stratégie, de nombreux épargnants âgés de 30 à 40 ans ont pu gagner leur premier million en peu de temps. Au fil des ans, ces personnes avaient la cinquantaine et possédaient souvent déjà 3,3 millions de dollars. Ces chiffres suggèrent que ces personnes ont un revenu très élevé, n'est-ce pas ? Non, pas du tout. Il faut dire que les revenus se situaient dans une fourchette à six chiffres (chiffre d'affaires annuel), mais peuvent toujours être qualifiés de revenus de classe moyenne.

Il n'était pas certain que cette norme puisse toujours être maintenue. Les entretiens ont montré que les ventes pourraient également avoir été plus faibles. Dans ce cas, des sommes ont été mises de côté et les dépenses ont été réduites au minimum. À cela s'ajoute le fait que 20 % des revenus sont toujours mis de côté pour un autre investissement. Ces personnes ont réussi à obtenir un avantage, même si les choses ne semblaient pas aller si bien.

Qu'en dites-vous ? Serait-ce une stratégie que vous pourriez utiliser ? Selon Corley, cette technique n'est pas pour tout le monde. Bien que le désir de richesse soit grand, un tel comportement exige naturellement beaucoup de discipline. S'il est difficile d'économiser de l'argent, il est préférable d'opter pour une autre variante.

2ème méthode : suivre une passion

Cette route semble certainement tentante, n'est-ce pas ? Malheureusement, tout est une question d'apparence. Si vous choisissez de suivre cette technique, vous devez être conscient que c'est probablement la voie la plus difficile à suivre.

Il y a essentiellement trois façons de réussir de cette manière : soit vous devenez musicien, soit acteur, soit vous financez votre propre entreprise, ce qui doit bien sûr vous assurer un grand succès. Avez-vous des idées particulières en tête ? Vous vous êtes peut-être déjà décidé, mais vous devez vous demander si la création de votre

projet est réalisable et surtout enrichissante.
Dans l'étude de Corley, 28% des riches ont fondé une entreprise basée sur une passion personnelle. Les personnes interrogées dans cette catégorie disposaient d'un actif net de 7,4 millions de dollars. Ça ne semble pas mal, n'est-ce pas ?

Pour ces gens, c'est la passion qui compte. Ils avaient un objectif fixe et ils ont réussi à y subordonner tout le reste. Ils ont tout laissé derrière eux, pour ainsi dire, et ont été récompensés pour cela.

En fin de compte, un entrepreneur devrait savoir très clairement qu'il n'y a pas de vacances ou de week-ends. Même une semaine de travail de 40 heures est peu probable. Dans les sondages de Corley, les riches travaillaient 61 heures par semaine avant d'atteindre leur objectif minimum. La renonciation vient avant tout. Nombreux sont ceux qui se sont laissés aller au rêve de devenir propriétaire d'un logement, en utilisant les économies de leur pension pour investir dans leur grand rêve.

Comment évaluez-vous cette méthode ? Serait-ce une alternative appropriée pour vous ? Ce sera certainement très difficile si vous avez déjà une petite famille et une maison. S'entendre sur tout semble presque impossible. Cependant, si vous n'êtes pas encore marié et que vous n'avez peut-être rien qui vous lie à un poste permanent, c'est certainement une option ! La condition préalable est bien sûr d'avoir une passion qui permettrait de faire face à toutes les difficultés possibles.

3ème méthode: “grimpeur“ de carrière

31% des répondants ont atteint une grande richesse en tant que "grimpeur" de carrière. Ils ont fondé une grande entreprise et ont réussi à devenir millionnaires grâce à des méthodes compliquées. Il a fallu 22 ans pour accumuler environ 3,4 millions de dollars. Ils ont réussi grâce à des actions ou des parts de bénéfices.

Dans ce cas, il faut passer beaucoup de temps au bureau, ce qui rend évidemment difficile de débrancher la prise pour les vacances. Ce n'est pas impossible, mais malheureusement, la plupart des voyages sont effectués à des fins commerciales uniquement. Nous devons également procéder avec prudence, car il y a aussi un inconvénient que personne ne peut changer : tôt ou tard, chaque entreprise peut se retrouver en difficulté financière. Les "grimpeurs" ne peuvent les contrôler que de façon limitée. Cela signifie qu'il faut souvent investir de l'argent supplémentaire, ce qui réduit bien sûr le profit.

Qu'en dites-vous ? Il y a un risque que tout le monde ne peut et ne veut pas prendre. Il faut se préparer au pire et, dans le pire des cas, même perdre tout ce qui est gagné. Si vous n'êtes pas assez fort pour faire face aux difficultés, il se peut que ce ne soit pas une option pour vous.
En raison de la charge de travail élevée, ceux qui souhaitent créer leur propre entreprise doivent réfléchir très attentivement à leur vie privée. Si elle n'est pas compatible, il est préférable de suivre une autre méthode de gain.

4ème méthode: talent

La meilleure méthode pour vous est peut-être cachée sous cette technique. En effet, 19 % des répondants ont emprunté cette voie et ont obtenu de très bons résultats. Ils sont sans aucun doute les meilleurs dans leur domaine et, bien sûr, ils peuvent bénéficier des meilleurs et des plus grands revenus, mais pas seulement : ils ont été recrutés par d'autres entreprises pour gagner de grosses sommes d'argent afin de démontrer leurs compétences.

Ces personnes sont sans aucun doute les numéros un dans leur domaine. Dans la plupart des cas, ils travaillent comme avocats ou médecins.
Il est également possible d'avoir un emploi dans d'autres secteurs. Des succès ont été enregistrés chez certains propriétaires de petites entreprises, mais aussi chez des propriétaires de grandes entreprises.

Voici une autre question pour vous : serait-ce la variante la plus appropriée pour vous ? La réponse n'est pas toujours facile à trouver. Peut-être n'avez-vous pas confiance en vous ou ne pensez-vous pas que vos compétences suffisent.
Il n'y a qu'une seule façon de trouver une réponse : essayer de la trouver par vous-même et le plus rapidement possible.
Beaucoup de gens ont tendance à se faire trop confiance. Si vous êtes l'un d'eux et que vous attendez, vous risquez de perdre beaucoup d'argent et de repousser le succès dans votre vie. Ne le laissez pas se produire et analysez-le. Si cela peut vous aider, vous pouvez écrire

ce que vous aimez vraiment et découvrir ce que vous pourriez gagner. Il est important d'avoir du courage et de ne pas se laisser arrêter par ses peurs et ses doutes. Vous ne savez peut-être pas si vous êtes aussi bon que quelqu'un d'autre dans le même domaine, mais si vous n'essayez pas, vous ne le saurez jamais !

Engagement et patience

Comme vous pouvez le voir, chaque itinéraire est plein de surprises. Chaque méthode présente des avantages et des inconvénients, qu'il faut donc soupeser personnellement.
Vous n'avez pas à prendre votre décision maintenant, mais plus tôt vous ferez votre choix, plus vite vous vous rapprocherez de votre grand rêve !
Ne vous faites pas d'illusions. Bien sûr, tôt ou tard, il faudra bien profiter de ce million, mais si vous ne gagnez pas d'argent immédiatement, il vous faudra juste être patient.
Vous avez déjà constaté que la plupart des méthodes doivent être suivies pendant des années avant de connaître un grand succès, à moins que vous n'ayez une idée qui dépasse les frontières et que vous découvriez une invention sans précédent.

Si ces mots vous amusent, arrêtez-vous un instant : peut-être est-ce précisément cette légèreté qui peut vous permettre d'atteindre vos objectifs.

Chapitre 4: les règles fondamentales

Est-ce un jeu ou non ?

Peu de choses dans la vie peuvent être considérées comme un jeu. Bien sûr, les opinions à ce sujet sont différentes, mais il faut souvent de la discipline et un bon plan d'action pour réussir.

Il existe des méthodes très importantes qui peuvent vous aider. Si vous ne voulez pas les prendre en considération ou si vous pensez qu'ils sont inutiles, vous risquez de choisir la mauvaise voie, de ne pas réaliser votre rêve.

Vous avez déjà appris ce qui est important si vous voulez être millionnaire. Grâce à ces conseils, vous pouvez en apprendre encore plus ! Est-ce suffisant ? Même si vous voulez entendre "oui", nous ne vous donnerons malheureusement pas cette satisfaction. Il y a plus à considérer. Les règles suivantes sont très importantes, elles vous motivent et vous aident à rester concentré sur votre rêve très exigeant. Si vous prenez ces suggestions en considération et si vous les respectez, vous resterez sur la bonne voie et deviendrez bientôt millionnaire.

Les sept règles les plus importantes

Voici un bref aperçu de ce qui peut influencer de manière décisive votre vie quotidienne et votre façon de penser.

1ère règle:l'argent n'est pas important

Pour l'instant, vous allez sûrement être surpris. Comment cette déclaration peut-elle être en accord avec votre pensée ? Si vous avez le grand désir de devenir millionnaire, l'idée d'avoir de l'argent prend beaucoup de place. Selon les recherches, il ne devrait pas en être ainsi. Le riche chercheur Thomas Druyen a posé cette question et a constaté que les esprits des 100 personnes riches qu'il a interrogées n'étaient pas au premier plan. Le désir était là, mais la quantité d'argent qu'ils voulaient n'avait qu'un rôle secondaire. Au contraire, tous ces gens poursuivaient un objectif différent : ils voulaient absolument atteindre un but réel et transformer leur grand rêve en réalité. Ce sont tous des entrepreneurs ou des personnes qui s'engagent chaque jour à atteindre leur objectif. Les pauses ne sont pas couvertes.

Peut-être cette pensée est-elle due au fait que les recherches ont eu lieu aux États-Unis ? On y a découvert que chaque millionnaire y perd tout son argent trois fois dans sa vie. Bien sûr, cela n'arrive pas à tout le monde et il s'agit simplement d'une étude qui n'est pas applicable au niveau mondial.

Même les personnes qui sont devenues millionnaires grâce à la loterie semblent partager ce destin : après environ quatre ans, la plupart des gagnants doivent dire adieu à leur grande fortune. Dans ce cas, il peut aussi y avoir une raison complètement différente : ces personnes n'ont pas gagné leur argent par le travail. L'argent est arrivé du jour au lendemain, ce qui n'est évidemment pas le cas pour les millionnaires qui sont responsables de leur richesse. La gestion de l'argent est complètement différente dans ces deux situations et personne ne peut dire exactement si l'une des deux catégories pourrait finir par être pauvre, tôt ou tard.

Le fait est qu'il ne faut pas trop s'accrocher à cette idée. Gérez bien votre argent.

2ème règle: le travail avant tout

Vous avez certainement déjà compris ce qui se cache derrière tout cela. Le travail devrait toujours être plus important que les vacances. Même si vous avez déjà réussi à gagner votre premier million. Cette règle s'applique toujours, du moins jusqu'à ce que vous ayez vraiment un bon sentiment et que rien ne puisse diminuer votre richesse.

On peut le savoir en regardant des acteurs célèbres. Combien de fois voyez-vous leurs photos en vacances ou en voyage ? Après une longue période d'activité, beaucoup ont pu s'offrir un niveau économique qui leur permet aujourd'hui de partir en vacances.

Après tout, à quoi sert de gagner tout cet argent si on ne peut pas le dépenser ? Vous pouvez le faire, peut-être l'investir dans un petit voyage de temps en temps.

Vous ne devez jamais perdre de vue votre cible. Si vous savez que vous avez quelque chose à faire, vous n'avez pas le temps pour les vacances. Ce n'est que lorsque vous avez atteint votre objectif que vous pouvez vraiment vous offrir ce confort. Écoutez vos sentiments et observez attentivement ce qu'il vous

reste à faire. De cette façon, vous prendrez certainement la bonne décision.
Pour mieux comprendre ces explications, voici un exemple de la vie d'un millionnaire : Mario Zimmermann ne peut pas se plaindre de ne pas avoir assez d'argent. Au fil des ans, il a accumulé une grande fortune. Il pourrait faire une pause, mais non, ce n'est pas ce qu'il veut. Il est célèbre pour avoir fondé Brands4Friends. Le connaissez-vous ? Cette marque commerciale a été achetée par Ebay et imaginez combien il pourrait gagner ! 150 millions d'euros. Comme Zimmermann a poursuivi l'idée avec un camarade de classe, les revenus ont évidemment été divisés. Cependant, il existe une sécurité financière qui ne laisse certainement rien à désirer. Pourtant, ce n'est pas ce qu'il voulait. Il a continué. Il est ensuite tombé sur la célèbre boutique en ligne Brille24 et a soutenu le dirigeant de la grande entreprise. Soudain, partir en vacances n'était plus si important. Il ne s'autorisait que cinq jours par an pour "changer d'air". Il n'a jamais fait de longs voyages. Le travail était clairement au premier plan !

Cette histoire peut certainement être qualifiée d'un peu "extrême", car la plupart des gens qui veulent faire fortune pourraient d'abord faire un grand voyage autour du monde et quitter leur pays pendant plusieurs semaines (s'ils le souhaitent). Cet exemple montre qu'il est important de ne jamais abandonner l'objectif que vous vous êtes fixé, car personne ne peut être sûr que l'argent est permanent. Beaucoup de gens ont profité de l'argent dès le début et, en fin de compte, il n'en reste plus beaucoup.

3ème règle: les collaborations

Vous avez peut-être déjà entendu : "Eh bien, il est riche parce qu'il a hérité de tout l'argent !" Bien sûr, c'est la façon la plus simple de devenir millionnaire. Cela arrive-t-il vraiment si souvent ? Non, seulement environ 20% de tous les riches gagnent leur argent grâce à un gros héritage. Les 80 % restants ont travaillé et sué pendant longtemps pour s'enrichir.

Malheureusement, ce n'est pas toujours aussi simple. Bien sûr, il y a des exceptions. Toute personne qui a la bonne idée et qui est capable de la développer de manière rentable (sans l'aide d'une deuxième personne) a beaucoup de chance.

Mais en général, il est beaucoup plus facile de le faire avec une autre personne. Alors qu'il y a 20 ans, il était très important d'avoir des contacts sociaux solides, aujourd'hui, c'est plus facile et l'internet est le moyen le plus simple de collaborer. Des coopérations sont créées et des "alliances" se construisent qui peuvent devenir très rentables. Il suffit d'avoir les bons clics, une bonne idée et, bien sûr, les bonnes personnes de l'autre côté de l'ordinateur.
Il est évident que sans connaître ce monde, vous n'allez nulle part : beaucoup de personnes ayant un bon niveau financier ont fréquenté une université d'élite réputée. C'est là que peuvent se nouer les premières amitiés, mais aussi les premiers partenariats financiers. Le contact avec les compagnons ne doit pas être négligé. Ces connaissances scolaires ne doivent pas être négligées, surtout si vous voulez entreprendre un avenir d'entrepreneur.
Il ne s'agit pas seulement de considérer les clients "haut de gamme", mais aussi d'entrer en contact avec des personnes ayant des objectifs similaires.

Quelle règle pouvons-nous établir ? Il est évident qu'il est difficile de coopérer avec quelqu'un que l'on connaît à peine.

La façon dont une personne se présente et l'endroit où vous pouvez trouver ces personnes jouent un rôle secondaire. De bonnes connaissances sont très importantes, mais vous devez être sûr que la personne a la volonté de faire la différence.
Les recherches ont montré qu'il faut au moins un diplôme pour établir une collaboration suffisante. Les exceptions confirment la règle et montrent qu'une idée époustouflante peut surgir de nulle part, mais les événements quotidiens semblent ne pas être d'accord. En fin de compte, très peu de gens deviennent riches du jour au lendemain. Vous avez presque toujours besoin d'une autre personne à vos côtés, qui vous conseille et agit et qui peut partager ses idées avec vous.

4ème règle: les hommes riches

Si vous lisez cette règle et que vous êtes une femme, vous devez être confuse. Mais même si vous êtes un homme, vous ne pensez pas de manière positive. Mais qu'est-ce que cela signifie exactement ?

Tout d'abord, voici les faits : saviez-vous que 88% des riches sont des hommes et que seulement 12% sont des femmes ? Si vous ne le croyez pas et que vous le jugez injuste, vous devez malheureusement comprendre que c'est la vérité. Elle a été reprise par "Wealth-X", c'est donc un fait et non une invention purement masculine.

Cette étude a également été menée aux États-Unis. En Italie, les chiffres sont légèrement différents, alors, chères femmes, résistez s'il vous plaît ! En Italie, 94% des riches sont des hommes et seulement 6% sont des femmes, mais ces chiffres sont peut-être un peu tordus. Ces chiffres ne concernent que les millionnaires très riches. Les personnes qui possèdent un ou deux millions ne sont pas prises en compte. On compte les millionnaires ayant trente fois plus de comptes bancaires. Mais pourquoi ? Le fait est que les hommes ont très souvent tendance à être des leaders. Il suffit peut-être de penser à la société dans laquelle vous travaillez. Qui est le chef ? Est-ce un homme ou une femme ? La plupart du temps, ce sera un homme ; les femmes sont encore sous-estimées dans les postes de direction. Le temps d'arrêt est très souvent utilisé pour le planning familial, qui ne peut bien sûr être géré que par les femmes, surtout dans les premiers temps. Cependant, il faut aussi dire que dans les "petites" entreprises, les patrons sont des femmes. La situation est différente dans les grandes entreprises, mais là aussi il y a un changement en cours qui peut surprendre beaucoup d'hommes.

Quoi qu'il en soit, c'est l'une des raisons pour lesquelles les hommes peuvent s'attendre à plus de chance que les femmes.
Cela ne doit cependant pas effrayer les femmes, car tout le monde peut s'enrichir s'il croit en ses objectifs et ses intentions.

5ème règle: l'argent peut travailler à sa place

Cette déclaration vous fera sûrement sourire. Cependant, des connaissances de base sont nécessaires et vous aurez également besoin d'un peu de chance, mais ce n'est pas tout : il est important de disposer d'un capital d'amorçage. La taille n'a pas d'importance. Peu importe que vous ayez 15 000 euros ou 50 000 euros à votre disposition, il est important de procéder correctement et de ne pas investir votre argent de manière incorrecte.
Le concept est le suivant : votre argent peut travailler pour vous et ce n'est pas seulement l'inverse. Si vous connaissez un peu le marché boursier, c'est un excellent point de départ. Sinon, vous

pouvez compter sur une personne de confiance qui peut vous aider et vous donner des conseils.

Veillez à ne pas faire votre investissement du jour au lendemain. Attendez le bon moment et soyez sûr de l'endroit où vous investissez vos ressources. Comme les promesses sont faites très rapidement, vous ne savez évidemment pas si elles seront tenues à la fin.Ne pensez-vous pas que cela pourrait être aussi facile ? Ça marche ! La visite du site web du DAX vous permettra d'apaiser un peu vos doutes. Cette dernière a produit des rendements d'environ 8% ces dernières années. Si vous investissez 10 000 euros chaque année, vous pourriez devenir millionnaire en 29 ans.

Bien sûr, ces sommes ne sont pas toujours à portée de main et ne peuvent souvent être utilisées que dans une très bonne position et avec une grande prudence. Cependant, c'est un chemin qui peut être suivi et qui peut donc aussi devenir une règle stricte ! Chacun évalue si c'est risqué en fonction de sa propre expérience !

6ème règle: pas en Italic

Maintenant, cela peut devenir un peu plus difficile et cela peut briser vos rêves, mais il faut le dire très clairement : la probabilité que vous deveniez millionnaire en Italie est très faible. Il ne faut pas dire que c'est impossible, mais il vaut mieux que ce fait soit clair dès le départ.

Bien entendu, cela ne dépend pas de vos compétences ou de vos connaissances, mais il est possible que l'Italie puisse être décrite comme un pays assez développé. Réussir et mettre sur le marché quelque chose qui n'a jamais existé auparavant peut être presque un miracle.
Cela peut être démontré par de simples recherches sur Internet. Il suffit d'aller sur un moteur de recherche et d'entrer le nom d'une chose dont vous pensez qu'elle n'existe pas. Au bout de quelques secondes, vous découvrirez que vous aviez tort. Indépendamment du fait que vous croyez que ce n'est que dans votre imagination, ce que vous cherchez existe et a peut-être été créé il y a longtemps. C'est difficile à croire, mais quelque chose de nouveau est lancé sur le marché presque tous les jours. Souvent, un objet n'est qu'une idée sur Internet, mais cela suffit ! Vous

n'avez plus à entrer dans la vie privée de vos clients et, comme il y a cinq ans peut-être, à mettre vos produits sur le marché ou à faire du porte-à-porte. Il suffit d'avoir une bonne connaissance de l'Internet et, bien sûr, une bonne idée de base.
C'est exactement là que se cache une clé importante pour vous et votre réflexion. Si vous avez refusé une offre simplement parce que vous ne voulez pas quitter l'Italie, vous n'êtes peut-être pas obligé de le faire.

Comme nous l'avons expliqué précédemment, une bonne idée peut surgir non seulement en dehors du pays où vous vivez. Si vous pouvez vous en occuper localement, c'est très bien. Vous avez juste besoin d'un ami ou de connaissances, avec l'aide desquels vous pouvez créer une bonne présentation sur Internet. Si vous disposez de ces options, rien ne vous empêchera d'atteindre votre objectif. Vous pouvez ainsi atteindre tous les pays qui vous sont chers. Bien entendu, la publication d'un site web ne suffit pas en soi. Il vous faudra faire beaucoup de publicité et peut-être trouver quelqu'un qui vous soutiendra. Par vous-même, vous allez certainement lutter ! Vous devez vous faire aider par quelqu'un d'autre qui a déjà un nom

dans le domaine où vous avez essayé. Si vous y parvenez, vous pourrez peut-être réaliser vos rêves.
Qui sait : peut-être que la suppression et le franchissement des frontières ne sont pas un problème pour vous. Si cela ne vous fait pas peur, emportez votre idée et partez pour un voyage que vous n'oublierez jamais. Il suffit d'un peu de courage et, bien sûr, de persévérance. La grande percée n'est pas toujours immédiate, mais surtout dans la première phase, elle peut prendre beaucoup de temps !

7ème règle: accepter les critiques

Cette règle met certainement la plupart des gens à l'épreuve. Commençons tout de suite. Que dire de votre sens critique : êtes-vous une personne qui accepte fortement les commentaires négatifs ? Si c'est le cas, vous devriez continuer sur cette voie.

Bien sûr, cela semble vraiment plus facile à dire qu'à faire. Ce que vous avez peut-être fait à maintes reprises pendant de nombreuses années ne peut être conservé éternellement. Il faut du temps et beaucoup de volonté, mais vous devez aussi comprendre que la mise en œuvre de votre idée prend souvent du temps.

Si vous espérez gagner beaucoup d'argent du jour au lendemain, vous serez déçu à la fin. Même si vous trouvez quelqu'un qui est convaincu de vous et de vos projets, cela peut être une erreur. Peut-être que l'idée diverge avec le temps ou que l'alchimie entre vous et votre partenaire n'est plus aussi forte. Il existe de nombreuses raisons pour lesquelles un projet peut ne pas se dérouler correctement, même s'il a démarré de manière prometteuse.
Si vous remarquez que cela ne fonctionne plus, vous devrez vivre avec quelque chose que vous n'appréciez peut-être pas : la critique. Votre adversaire peut vous dire ce que vous n'aimez pas et peut-être vous donner des conseils sur ce que vous pouvez faire différemment. Que faites-vous de ces informations ? C'est à vous de décider.
Vous pouvez vous enfermer dans une pièce et être attristé pendant des semaines parce que votre projet n'a pas fonctionné, mais essayez de penser à ce que vous obtiendriez de cette façon : le temps passe et vous n'avez pas la chance d'obtenir le moins possible. Est-ce un avantage pour votre parcours de millionnaire ? Non. Vous pouvez choisir de réagir différemment ! Dites au revoir à votre ancien collaborateur et n'ayez

pas l'air ennuyé. Bien sûr, ce n'est pas bien de devoir tout recommencer, mais ce n'est pas non plus la fin du monde. Qui sait, peut-être que cet adieu pourrait déboucher sur quelque chose de bien ! Peut-être vous montrera-t-il une méthode efficace que vous n'avez jamais eu la chance d'essayer ? Vous pouvez maintenant découvrir de nouvelles opportunités et qui sait, il se peut même que vous trouviez un partenaire bien meilleur que le précédent. En dehors de cela, vous avez pu acquérir de l'expérience, car de toute façon, il n'y en aura jamais assez.

En bref : si vous voulez devenir millionnaire, il est important de bien faire face aux critiques. Vous n'avez pas à être d'accord avec votre adversaire. S'ils vous disent que vous ne réussirez pas du tout, c'est à vous de décider si vous voulez continuer ou non ! Acceptez la critique et réfléchissez, tout seul, si cela vaut la peine de continuer ou non ! Le choix vous appartient.

Bref résumé

Si vous voulez être millionnaire, il y a donc quelques règles à prendre en compte. C'est à vous de décider si vous voulez les respecter tous. En outre, cela ne signifie pas que vous ne trouverez pas le bonheur juste parce que vous pouvez décider de ne pas en suivre un en particulier.

En fin de compte, votre sensibilité et votre volonté de faire face à ces sept règles de base sont fondamentales. Vous pouvez décider vous-même de celles qui s'appliquent à votre idée et à votre vie.

Il est important de rester fidèle à soi-même et d'agir selon ses convictions. Si vous pouvez et continuez à vous consolider, vous êtes en bonne voie pour atteindre le succès que vous souhaitez !

Chapitre 5: comment rester millionnaire ?

Devenez-le et restez-le

Peu importe comment vous avez obtenu votre argent et combien vous avez gagné, tôt ou tard, vous devrez vous poser une question : comment faire pour rester le millionnaire que vous êtes maintenant ?

Trouver la bonne réponse n'est peut-être pas assez rapide. Après tout, vous avez enfin atteint le but de votre rêve et vous ne voudrez pas l'abandonner pour rien. Vous ne pouvez même pas vous souvenir du temps qu'il a fallu pour passer de la première idée à un grand succès, mais vous êtes sûr de ne pas vouloir perdre tout ce que vous avez gagné.

Pour vivre heureux et en sécurité avec votre nouvelle richesse, vous avez besoin de la bonne continuation.
Les conseils qui suivront serviront de soutien et d'aide. Si vous vous demandez de temps en temps comment concilier les conseils et votre vie, c'est normal. Certains conseils ne

correspondent pas à votre type de richesse.
Si, par exemple, vous avez gagné de l'argent grâce à une bonne idée commerciale, le moment où vous parlez d'avoir de la chance dans le jeu ne vous servira pas à grand-chose, du moins pas en termes de gains.
Laissez les suggestions suivantes dissiper vos doutes et en tirer un maximum de profit. Vous découvrirez bientôt qu'il n'est pas si facile de devenir millionnaire, mais que cela peut aussi être un obstacle pour rester une personne riche.

Conseils pour préserver la richesse

Maintenant, laissez-vous surprendre et décidez ce que vous pourriez mettre en œuvre et ce qui est incompatible pour vous. Ce qui est certain, c'est que sans engagement, il n'est pas possible de maintenir une aussi grande richesse. Décidez vous-même de ce qui vous convient !

1ère possibilité: Soyez chanceux dans le jeu

La chance et le jeu de hasard ont beaucoup en commun. Il existe des jeux qui requièrent des connaissances et des compétences spécifiques, mais s'enrichir avec ce type de jeu est une toute autre affaire et ce n'est pas une question de chance.

Gagner à la loterie peut être la raison pour laquelle vous gagnez gros et devenez millionnaire du jour au lendemain. Mais comment cela fonctionne-t-il ? Vous le savez sûrement déjà : il vous suffit de choisir quelques numéros et, après quelques jours, vous attendez le tirage au sort, en espérant que ceux qui sortent sont les mêmes que ceux que vous avez choisis. De nombreux joueurs de loterie suivent un schéma récurrent : ils entrent des numéros pour des anniversaires ou d'autres dates qui leur rappellent de merveilleuses expériences dans l'espoir d'un grand succès.
C'est difficile à croire, mais à un moment donné, cela pourrait même fonctionner. Bien sûr, il ne s'agit pas toujours de gagner des millions, mais même une petite victoire peut être utile et vous suggère de continuer à essayer. Aujourd'hui, vous pouvez jouer à la loterie n'importe où. Autrefois, il n'y avait que quelques endroits où l'on pouvait "parier" ses numéros ; bien sûr, il y en avait dans toutes les villes. Aujourd'hui, c'est beaucoup plus simple

: vous pouvez aussi le faire très facilement sur Internet. Les offres sont si nombreuses que rien n'est laissé au hasard. En tout cas, il est utile de faire une comparaison. Chaque fournisseur a des directives différentes. Certains exigent beaucoup de capital initial, d'autres non. Il n'est pas si facile de trouver le bon portail, car ici aussi, vous voulez être sûr que l'investissement initial minimum est réussi.

Même si vous choisissez le bon portail pour jouer, vous avez besoin d'une bonne dose de chance. Même lorsque vous réussissez enfin à réaliser votre grand rêve, le bonheur doit toujours être à vos côtés, afin que vous puissiez conserver ce que vous avez gagné avec sagesse.

Si vous pensez qu'il faut parfois de la chance pour remporter le gros lot à temps, vous vous trompez. À partir de 2016, vous disposez de trois ans pour racheter le montant gagné. Ce n'est que lorsque cette longue période est passée que l'argent revient.

2ème possibilité : penser et rester calme

Peu importe la manière dont vous avez obtenu votre grande richesse, une fois que vous l'avez obtcnuc, vous devez procéder calmement. Si le fait de gagner à la loterie est la cause de votre richesse, vous devriez vous asseoir et faire quelques calculs.

Même si la richesse provient de votre idée personnelle, il y aura un jour où vous pourrez enfin la voir sur votre compte bancaire. Ici aussi, la devise est : être patient et respirer profondément. Ces secondes peuvent vous aider à ordonner vos pensées et à ne pas prendre la mauvaise décision économique.
Car c'est exactement ce que font la plupart des personnes qui gagnent de grosses sommes d'argent : elles ont d'innombrables projets et veulent que tout soit fait immédiatement. Vous devez acheter une nouvelle voiture, partir en vacances dans ce lieu de rêve et acheter une nouvelle maison. Et si on investissait l'argent ? Si quelque chose de grave se produit, dans le pire des cas, il n'y a plus d'argent qui puisse vous aider, puisque dans un moment d'impulsivité, vous avez tout dépensé. Si c'est le cas, le rêve s'achèvera avant même que vous ne jouissiez réellement de votre fortune.
Là encore, il y a une solution, ce n'est pas si difficile ! Dans ce cas, la solution est la suivante : réfléchissez ! Décidez

vous-même ce que vous voulez vraiment et ce que vous ne voulez pas. Par exemple, si vous avez acheté une nouvelle voiture il y a seulement un an, il est bon de se demander si vous avez vraiment besoin d'en acheter une autre. Même si votre véhicule actuel n'est peut-être pas la version sportive que vous avez toujours voulue, il a certainement ses mérites. Demandez-vous si vous avez vraiment le temps de dépenser plus d'argent ou si vous devez renoncer à des choses que vous pourriez regretter plus tard. Même une maison ne se construit ou ne s'achète pas du jour au lendemain, et cela implique certainement un déménagement et un travail acharné. Même si vous construisez quelque chose de nouveau, vous devez toujours déplacer les placards et ensuite les relocaliser. Cela peut sembler amusant, mais il est évident que cela prend beaucoup de temps précieux. L'avez-vous ?

Cette petite introduction ne doit pas vous bouleverser, mais vous montrer que vous devez d'abord prendre le temps de réfléchir à vos achats. Vous pouvez dépenser de l'argent très rapidement, cela ne fait aucun doute, mais vous devez vous rendre compte qu'ils ne reviennent jamais. Même si

vous regrettez quelquc chosc, c'est déjà arrivé. Réfléchissez bien à ce dont vous avez vraiment besoin et pourquoi vous devez vous rendre à la banque.
Lorsqu'on utilise de l'argent, on a tendance à réfléchir un peu plus attentivement à ce à quoi on veut le dépenser.
Gardez ceci à l'esprit : prenez une grande respiration et restez calme, afin de ne rien regretter à l'avenir. Ainsi, vous pourrez sûrement préserver votre argent.

3ème possibilité : l'anonymat

La plupart des gens qui ont hâte d'atteindre le premier million se poseront certainement cette question : comment faire pour bien faire ?

Bien sûr, il est vrai que vous serez si heureux que vous voudrez partager votre bonheur avec tout le monde. Si vous ne voulez pas, informez au moins votre famille. Bien sûr, vous ne pouvez pas le cacher à tous ceux qui vous sont vraiment proches.
Il est toutefois beaucoup plus important de procéder avec prudence et de réfléchir soigneusement à qui doit savoir. Bien sûr, il ne fait aucun doute que vos parents seront très heureux de votre bonheur, mais vont-ils vraiment le

garder pour eux ? Ils ont sûrement des amis que vous ne connaissez même pas et peut-être que quelque chose leur échappera. Une autre question se pose à présent : soupçonnez-vous que, dès que quelqu'un le saura, tout le monde aura de mauvaises intentions ? Répondre à cette question serait trop incertain, et cela vous projetterait certainement trop loin dans le temps.

Après tout, on ne peut pas être complètement sûr de la sincérité des gens. Néanmoins, vous pouvez et devez partager votre bonheur. Prenez d'abord une décision en connaissance de cause et, si vous le pouvez, demandez à vos amis et à votre famille de garder le secret. Ils répondront sûrement à votre demande et ne voudront que votre bien.

Pourquoi ? Que pourrait-il arriver ? Bien sûr : si la nouvelle parvient à des personnes qui ne veulent pas nécessairement votre bien, elles risquent de feindre une amitié. Même s'ils continuent à vous dire des mots gentils, ils ne veulent que de l'argent. Vous pensez que c'est une scène de film, mais malheureusement cela se passe aussi dans la vie réelle. Quand un millionnaire est encore millionnaire, il y a beaucoup de gens à ses côtés qui lui disent des choses gentilles. En fin de compte, si l'argent s'épuise, il ne reste plus personne.

Vous ne pouvez peut-être pas imaginer comment les gens s'ingénient lorsqu'ils veulent obtenir de l'argent. Des millionnaires ont reçu des lettres de chantage demandant souvent des sommes d'argent exagérées. Tout est possible !

Voici ce que nous essayons de vous dire : l'anonymat est d'abord une bonne idée et vous devez le conserver le plus longtemps possible. Mais à un moment donné, vous ne pourrez plus le faire. C'est à vous de trouver les bonnes personnes dans votre environnement et de construire une base avec beaucoup de confiance. Ainsi, vous pouvez profiter de votre succès et de votre richesse le plus longtemps possible.

4ème possibilité : la consultation

Vous devriez certainement envisager cette variante également. Malheureusement, la plupart des gens évitent de l'envisager car cela peut prendre beaucoup de temps. Tous les avocats n'ont pas de rendez-vous gratuits et les délais d'attente des banques sont très longs.

Cela vaut toujours la peine de faire des recherches et de prendre rendez-vous. Prenez votre temps pour savoir quelle banque vous propose l'offre la plus avantageuse ou trouvez un avocat qui vous présentera les options les mieux adaptées à vos besoins.
Au mieux, vous prendrez le temps de rassembler vos idées et de les mettre par écrit. Que voulez-vous faire avec l'argent et qu'avez-vous toujours rêvé ? Y a-t-il quelque chose que vous ne voulez absolument plus remettre à plus tard ?

Il est important que vous sachiez tout ce que vous voulez vraiment traiter lors d'une consultation. Vous pouvez ensuite présenter vos idées à votre avocat ou à votre conseiller bancaire. Il vous montrera ce que vous pouvez faire et vous conseillera également sur ce que vous devez éviter.

Bien sûr, même dans ce cas, il peut y avoir des incertitudes. Après tout, vous ne pouvez pas être sûr qu'un consultant bancaire vous fasse vraiment plaisir ou vous fasse profiter de ses avantages.

Cela ne devrait pas être votre problème ! Si vous n'êtes pas sûr, vous pouvez toujours choisir une autre banque ou simplement unc autre agence. Vous avez tout le temps du monde et vous n'avez pas besoin de fermer une grande entreprise du jour au lendemain. Écoutez votre cœur et votre conscience ! Ce n'est qu'alors que vous ferez le bon choix.

5ème possibilité : garder l'emploi

Questo è un errore che la maggior parte delle persone commette quando improvvisamente ottiene molta Ceci est une erreur que la plupart des gens font lorsqu'ils deviennent soudainement très riches : ils appellent le patron et démissionnent, croyant qu'une richesse du jour au lendemain peut leur apporter la sécurité: ils appellent le patron et démissionnent, croyant qu'une richesse du jour au lendemain peut leur apporter la sécurité.

Dans l'excitation du bonheur, ils ne pensent pas et ne sont pas conscients des conséquences possibles.

Ne vous demandez-vous pas ce qui se passera si l'argent disparaît soudainement ou si, hypothétiquement, vous vous ennuyez ? Les deux semblent loin d'être tangibles au début, mais ils peuvent venir et parfois cela se produit plus vite que les gens ne peuvent l'imaginer.
In questo caso è necessario De mauvais amis et de mauvais investissements peuvent suffire à perdre rapidement beaucoup d'argent. Dans ce cas, il est nécessaire de travailler, mais l'emploi précédent a peut-être déjà été remplacé. Ce n'est pas tout : à un moment donné,

les rêves et les idées se réaliseront. Les grands souhaits se réalisent et la vie quotidienne revient. C'est difficile à croire, mais c'est vrai : l'ennui peut venir. La structure de la vie quotidienne s'est depuis longtemps dissoute et l'idéal serait de pouvoir reconstruire un quotidien personnel.

Plus facile à dire qu'à faire, car vous savez qu'un bon emploi qui correspond à votre niveau de vie actuel est certainement facile à obtenir, puisque vous avez beaucoup d'argent à votre disposition et que vous n'avez pas besoin des autres.

Tout serait parfait si vous n'aviez pas simplement quitté votre emploi. Ce qui s'est passé ne peut plus être changé.

Alors que vous reste-t-il ? D'accord : n'écoutez pas votre tête et n'appelez pas votre patron maintenant. Gardez votre emploi, même s'il y a beaucoup d'argent à la banque. Vous ne savez jamais comment votre situation peut changer. Si vous ne voulez vraiment pas travailler toutes ces heures par semaine, alors vous pouvez certainement faire quelque chose pour y remédier. Parlez à votre patron pour savoir si vous pouvez transformer votre poste à temps plein en un poste à temps partiel. Si ce n'est pas possible, vous pourriez trouver une autre alternative avec laquelle vous pouvez certainement vous entendre. N'ayez pas peur de demander ! Parce que même votre patron ne vous perdra pas du jour au lendemain.

6ème possibilité : donner ou épargner

Cette suggestion vous est probablement déjà familière. Il a déjà été mentionné dans ce livre, mais ici il réfléchira à votre chance de rester millionnaire.

Peu importe ce que vous voulez faire, mettez de l'argent de côté. Peu importe la quantité. Le fait est que vous aurez quelque chose d'économisé et que vous pourrez vivre l'inattendu.

Votre banque vous conseillera sur ce qui vous apportera le plus d'avantages et sur le compte que vous pourrez utiliser. Dans ce cas, choisissez la banque en laquelle vous avez vraiment confiance.
Il en va de même pour les dons en espèces. Si vous vous demandez quel est le rapport entre le don et la conservation de l'argent, la réponse est simple. Faites des dons à des organisations, car vous pourriez en tirer des avantages fiscaux. Votre avocat

peut vous dire comment et où le faire. Même si c'est dans votre nature, ne gaspillez pas l'argent ! Dépenser peut être thérapeutique pour vous, mais la richesse peut se terminer plus tôt que vous ne le pensez et ce serait vous manquer de respect, surtout si vous avez travaillé dur pour vous enrichir.

7ème possibilité : attention aux impôts

Faites attention à vos impôts.
Une chose est sûre : si vous faites des bénéfices en jouant à la loterie, vous ne serez pas désavantagé sur le plan fiscal. Mais si vous placez l'argent sur un compte, la situation peut être complètement différente en raison des intérêts.
Il est important d'examiner attentivement toutes les options possibles avant de prendre une décision. Le bureau des impôts ne tardera pas à déposer votre demande et une fois qu'elle vous sera parvenue, elle pourrait vous réserver une surprise désagréable.
Par exemple, si vous êtes marié, vous pouvez donner à votre conjoint une certaine somme d'argent totalement exonérée d'impôts. Votre conseiller bancaire ou votre avocat vous indiquera le montant possible et ce que vous devez prendre en considération.

8ème possibilité : réaliser vos rêves

Malgré toutes les considérations relatives à la sécurité de votre argent : Réalisez vos rêves ! Il est important de bien réfléchir à vos futures décisions. Si, sans prêter attention aux inconvénients, vous dépensez de l'argent et réalisez un rêve après l'autre, vous pouvez revenir à votre situation initiale en un rien de temps.

Si vous prenez à cœur les conseils que vous venez de lire dans ce chapitre, vous serez sur la voie de nombreuses années de joie et de bonheur avec votre argent.

La sécurité et la prudence sont nécessaires, c'est hors de question, mais ne paniquez pas, car si vous laissez votre argent sur un compte pendant des années sans réaliser vos rêves, vous ne serez pas heureux dans ce cas non plus.
Soyez heureux de votre bénédiction financière et profitez du moment ! Il se peut qu'il ne revienne jamais.

Réalisez vos souhaits, n'hésitez pas et soyez heureux ! Vous le méritez.

Chapitre 6 : 17 secrets pour devenir riche

Vos connaissances au sommet

Maintenant, vous êtes dans la dernière ligne droite. Votre richesse n'est pas si loin, vous pouvez enfin sentir et ressentir ce que vous avez toujours voulu.
Vous connaissez les règles, vous avez intériorisé les conseils et vous savez ce que les experts vous disent. À ce stade, il y a quelque chose qui vous attend et qui peut grandement élargir vos connaissances.

Vous vous êtes peut-être demandé quels sont les véritables secrets pour devenir riche. Ils peuvent se cacher dans tous les coins de votre entreprise, ils sont plus souvent près de vous que vous ne pouvez l'imaginer, et ils vous soutiennent quand vous vous y attendez le moins.

Êtes-vous prêt à en apprendre davantage et à atteindre votre objectif ? Alors vous n'avez plus à attendre, vous pouvez commencer dès maintenant et lire des conseils qui peuvent changer votre vie de manière simple et facile.

à la découverte des 17 secrets

1er secret : vous êtes maître de votre propre destin

Avez-vous déjà rencontré quelqu'un qui était vraiment pauvre ou qui se disait pauvre ? Il ne fait aucun doute qu'il y a vraiment des gens qui vivent dans la pauvreté contre leur gré.

Mais en général, la vie quotidienne des "pauvres" est ainsi : ils blâment les autres, se justifient de leur sort et continuent à se plaindre. Cela peut sembler dur, mais pour la plupart de ces personnes, c'est comme ça.

Les personnes qui gagnent un certain montant de richesse se comportent différemment. Ils prennent leurs responsabilités et réfléchissent à ce qu'ils peuvent changer sans l'aide de quelqu'un d'autre. S'ils ne sont pas satisfaits, ils agissent et façonnent leur vie de manière très consciente.
Voici ce que nous voulons faire comprendre : les pauvres cèdent à leur sort et les riches le prennent en main. Il faut également préciser qu'ils sont eux aussi partis "petits" (à l'exception des

héritiers et des enfants de parents riches).
Prenez votre vie en main, car vous en êtes le seul responsable, personne d'autre ne peut l'être !

2ème secret : essayer de gagner et pas seulement "ne pas perdre".

Quand vous jouez, à quoi pensez-vous ? Beaucoup de gens ne veulent pas perdre, mais est-ce vraiment le but ? Lorsque vous parlez à un riche, il vous donnera une réponse très différente ; il vous dira que le jeu, c'est gagner.
Les personnes qui jouissent d'une grande richesse visent toujours le plus grand objectif. S'ils n'y parviennent pas, ils essaieront à nouveau la prochaine fois.

Les pauvres ne commencent même pas. Ils se laissent guider par leur peur, ils ne veulent pas perdre et continuent à vivre uniquement avec ce qu'ils ont. Il n'est pas question de prendre un risque.

Il est certain que toute personne doit se demander si elle peut faire face à une perte éventuelle, mais de nombreux chercheurs ne posent pas cette question.
Ce que nous voulons que vous compreniez, c'est : ayez le courage de

prendre des risques et essayez d'avoir le plus grand objectif en tête !

3ème secret : payer le prix le plus élevé

Très peu de gens sont devenus riches en restant assis sur le canapé toute la journée. Si vous voulez enfin voir les millions sur le compte, vous devez faire des sacrifices. Cela semble difficile, mais c'est comme ça qu'on y arrive.
L'interdiction de vos DVD préférés, la rencontre d'amis au début est interdite et la vie de famille peut être mise à l'épreuve. Votre vie change, mais si vous pouvez prendre ces mesures, vous récolterez tôt ou tard les fruits de votre travail et de votre assiduité.
Demandez-vous quel est le prix le plus élevé qu'une personne pauvre devrait payer : dans ce cas, on parle d'"épargne". Sortez de votre vie sans risque et devenez riche !

4ème secret : toujours rêver, mais en grand.

C'est agréable de rêver et vous aussi vous pouvez rêver. Ne vous arrêtez pas aux petits objectifs, mais faites de grands pas.
De toute évidence, au début, vous ne savez pas si et quand vous pourrez réaliser ce souhait, mais il n'est pas

logique de faire de trop petits pas qui ne vous mèneront jamais à la réalisation de votre grand rêve.
Attirez d'autres personnes et faites-leur part de vos souhaits. Vous n'êtes pas un rêveur, juste une personne qui a des objectifs.
Avec les pauvres, c'est différent : ils font de petits pas et n'arrivent jamais là où ils veulent aller.
Vous pouvez inspirer les autres avec vos discours et vos idées, vous pouvez peut-être trouver des alliés et construire avec eux quelque chose que vous n'auriez jamais cru possible. Tout dépend entièrement de vous et de vos idées !

5ème secret : trouver des opportunités, surmonter les obstacles

Revenons sur le sujet de la peur. Les pauvres sont poussés par leur peur et ne trouvent que danger et inquiétude. Les riches, en revanche, voient des opportunités dans cette peur. Même si quelque chose ne fonctionne pas, ils ne se laissent pas déranger et le considèrent comme un obstacle à l'amélioration. Parce qu'il y a toujours quelque chose à apprendre, et une fois qu'ils ont fait face à des difficultés, ils ne feront plus jamais cette erreur. Très peu de pauvres ont de telles pensées.

Faites facc à vos problèmes. Si vous les surmontez, vous serez plus intelligent et pourrez transformer vos nouvelles connaissances en argent. Si vous vous arrêtez et réfléchissez trop longtemps, vous perdez une chance et vous devrez poursuivre votre rêve pendant longtemps.

6ème secret : les riches admirent les riches

Que pensez-vous personnellement des riches ? Si vous avez essayé pendant longtemps d'accumuler une grande fortune, mais que vous n'avez pas encore réussi, vous devriez peut-être remettre en question votre propre façon de penser.

Car une chose est très claire : si vous continuez à penser que vous n'aimez pas les gens riches, vous ne le ferez jamais. Ainsi, votre subconscient va consciemment résister et travailler contre. Vous ne vous en rendez même pas compte, mais cela arrive, que vous le vouliez ou non !

Que pouvez-vous faire ? Quand vous voyez une personne riche, soyez heureux pour elle. Ne soyez pas jaloux et ne la maudissez pas. Cela ne vous soutiendra pas dans votre projet à long terme.

7ème secret : plus de "pauvres" énergies

Cette suggestion vous fera sûrement sourire car elle n'est pas si immédiate. Vous comprendrez en un rien de temps.

N'oubliez jamais que l'énergie est contagieuse et qu'il importe peu qu'elle soit positive ou négative. Vous avez peut-être aussi eu affaire à une personne qui "peint" toujours tout en négatif, en traînant tout avec elle.

C'est pareil pour les riches et les pauvres. Si vous vous entourez uniquement de pauvres, vous ne deviendrez pas riche à long terme ! Vous agissez automatiquement comme le font vos amis et vos connaissances.

Maintenant, si vous remarquez quelque chose qui n'est pas bon, vous voudrez peut-être reconsidérer vos amitiés. C'est mauvais à dire, mais cela ne veut pas dire que vous avez besoin de nouveaux amis. Réfléchir et changer vous aidera à améliorer votre condition.

8ème secret : bien vendre ses idées

Pour beaucoup de gens, la vente est hors de portée. Mais pourquoi ? Pour la plupart, la raison en est le rejet. Si une vente n'aboutit pas, vous recevez au pire un commentaire négatif. Il est vrai que ce n'est pas particulièrement encourageant, mais dans ce cas, il ne s'agit pas de vendre des produits physiques.

Si vous avez des enfants, vous leur "vendez" quelque chose tous les jours : il y a des idées et des concepts que vous pouvez leur transmettre. Cela se produit déjà tous les jours et vous ne réalisez peut-être même pas tout ce que vous avez pu transmettre.
Il suffit d'avoir un peu de courage et d'essayer de voir les choses différemment.
Si vous réalisez que vendre n'est pas toujours une mauvaise chose, vous pouvez obtenir beaucoup plus que vous ne l'auriez jamais imaginé.
Votre vie pourrait changer !

9ème secret : être plus grand que ses problèmes

Personne n'aime les problèmes. Il serait trop beau que la vie puisse être insouciante. Malheureusement, ce n'est pas le cas. Même la personne la plus heureuse sera confrontée à un problème tôt ou tard.

Il existe pourtant des différences : tout le monde peut avoir un problème, mais tout le monde ne peut pas le résoudre. Il faut de la pratique et de la discipline. Ce ne sera pas facile, mais vous pouvez le faire aussi. Même si vous avez l'impression de ne jamais pouvoir surmonter vos problèmes, vous disposez encore de tant de techniques. Il y a des avantages et des inconvénients, mais la question de l'impossibilité ne devrait jamais se poser. Les gens riches grandissent malgré leurs problèmes. Ils sont présents, sans doute, mais ils essaient de les faire paraître aussi minimes que possible.

En bref : il ne s'agit pas du problème lui-même, mais plutôt de sa taille et de la façon dont vous l'envisagez !

10ème secret : trouver les bons destinataires

Si vous pensez que vous ne connaissez pas ce genre de personnes, vous vous trompez peut-être. Ils sont partout. Il y a des gens qui, par exemple, n'acceptent pas les compliments. Vous pouvez les louer et les inonder de mots heureux, mais ils penseront toujours mal, même si vous souriez. Vous voulez bien faire, mais l'autre partie ne semble pas complètement convaincue.

Dans ce cas, les gens riches réagissent différemment : ils acceptent volontiers les éloges, les remerciements et sourient doucement. Il en va de même pour l'argent : ils sont satisfaits de tout salaire supplémentaire et acceptent volontiers les "pourboires". Les pauvres, en revanche, préfèrent les renvoyer, car ils pensent souvent à de mauvaises intentions.
Si vous pensez que les gens riches sont très avides, vous vous trompez. Ils ne prennent pas plus que ce qui leur est dû. Si on leur offre plus, pourquoi ne le feraient-ils pas ? Ils ne l'ont pas demandée, elle leur a été donnée volontairement !

11ème secret : rechercher des résultats

C'est vraiment vrai : seuls les résultats apportent une grande richesse à long terme. Vous connaissez un employé qui est riche ? Vous n'en connaissez certainement pas, et il y a une bonne raison à cela ! Les employés travaillent certaines heures par jour et sont payés pour le faire. Les indépendants créent des résultats (ils ont aussi besoin de temps, bien sûr) et ne sont payés que pour eux. Ça a l'air compliqué ! Un exemple pourrait vous aider : dans une librairie, une vendeuse vend des livres d'un auteur précis. Elle travaille huit heures par jour et est payée pour ces heures. L'auteur vend 500 exemplaires par jour et est payé pour les copies qu'il peut vendre. Vous pouvez maintenant vous demander qui est le plus susceptible de recevoir beaucoup d'argent.

Les résultats valent plus. Bien sûr, les heures travaillées sont également importantes et les employés sont importants pour le monde du travail, mais si vous considérez tout en termes de richesse, vous devrez viser des résultats.

Bien sûr, vous ne pouvez pas créer votre entreprise du jour au lendemain, mais vous devez absolument y réfléchir et voir quelles mesures vous pouvez prendre dans cette direction. Peut-être pouvez-vous penser à quelque chose avec lequel vous pouvez obtenir un résultat qui puisse également vous soutenir dans vos idées à long terme.

12ème secret : s'amuser et gagner de l'argent : vous pouvez faire les deux.

La plupart des gens ont une opinion très claire et pensent que ni l'un ni l'autre n'est possible en aucune circonstance. Mais ce n'est pas vrai ! Car une chose est claire : seules les personnes qui aiment vraiment leur travail ont la possibilité de gagner beaucoup d'argent. Cependant, si vous ne voulez pas vous lever le matin pour aller travailler, vous ne ferez que le strict minimum.
Posez-vous directement la question : aimez-vous ce que vous faites ? Sinon, vous devrez peut-être changer de carrière pour atteindre votre objectif de devenir riche (si cela vous est possible).

Si vous en avez l'occasion, vous découvrirez à quel point votre travail est gratifiant. Faire des heures supplémentaires ne sera pas un problème et vous continuerez à trouver de nouvelles idées. En fin de compte, vous aurez toujours de nouvelles idées que vous voudrez mettre en œuvre le lendemain matin.
C'est comme ça qu'on devient riche !

13ème secret : la priorité à l'actif net
Considérez toujours ce que vous avez vraiment. Si vous avez une maison, vous n'en êtes pas propriétaire tant que l'hypothèque n'est pas contractée. Votre

salaire mensuel ne vous appartient en totalité qu'après déduction de tous les impôts.
Les riches mesurent ces valeurs. Le faites-vous ? La prochaine fois que quelqu'un vous posera cette question, vous connaîtrez mieux la réponse. Bien sûr, vous ne pouvez pas comprendre immédiatement ce que vous avez. Il suffit d'avoir des valeurs approximatives à l'esprit, sinon vous pouvez vous informer et les mémoriser pour avoir une meilleure vue quand vous en avez besoin.

14ème secret : bien gérer son argent

Aucun riche ne reste riche longtemps s'il ne prend pas soin de son argent. Si vous dépensez tout ce que vous avez maintenant, vous ne serez jamais vraiment riche. C'est pourquoi il est important de bien investir votre argent ou de bien réfléchir à vos dépenses.

Quand vous aurez votre première grande fortune, ce ne sera pas facile, mais vous pourrez toujours réussir. Réfléchissez bien à ce que vous faites, afin de ne pas vous ruiner rapidement et de ne vous en rendre compte que lorsqu'il est trop tard.

Faites attention, car les pertes peuvent commencer par de petites dépenses. Ainsi, si vous continuez à faire de petits achats, votre argent peut baisser assez rapidement sans que vous vous en rendiez compte.

15ème secret : laissez l'argent travailler pour vous

Bien que vous ayez déjà lu cette déclaration, elle est répétée dans cette section pour faire une comparaison entre les riches et les pauvres. Saviez-vous que les pauvres travaillent dur pour leur argent et que les riches laissent l'argent travailler pour eux ? Vous savez déjà comment cela se passe.

Investissez dans des actions, des fonds, des titres ou autres et vous serez sur la bonne voie. Renseignez-vous à l'avance sur les investissements qui valent vraiment la peine d'être réalisés et ne vous retrouvez pas immédiatement à court de capital. De cette façon, le grand rêve pourrait se terminer plus vite que vous ne le pensez.

16ème secret : contrecarrer la peur

Ce sujet a également été mentionné précédemment, mais il joue également un rôle important dans les secrets de l'obtention de la richesse.

Même si vous pensez que les riches n'ont pas peur, vous avez tort. Peut-être que c'est un peu différent, mais c'est toujours là, que ce soit l'inquiétude pour la famille ou peut-être le fait qu'à un moment donné il ne restera plus rien de l'argent, donc il y a des craintes ici aussi.

Il en va de même pour les pauvres, bien sûr. Dans ce cas, cependant, les craintes sont encore plus prononcées. Ils n'ont pas le courage de prendre une route qui comporte des risques. Et si cela ne fonctionne pas ? Il leur serait difficile d'en imaginer les conséquences. Ce faisant, ils ne se demandent même pas si cela fonctionnerait. Ils ne pensent pas à la qualité de la situation si l'objectif était de plus en plus atteint et si, à un moment donné, il devenait réalité. Rien que pour cette raison, il serait bon d'essayer au moins une fois : pour les pauvres, cela ne semble pas être une option.

Même les grands riches sont partis de ce point, mais ils ont osé se présenter et ont lutté contre leur peur. Ils ont essayé une fois, deux fois et une troisième fois, puis ils ont réalisé que ce n'était pas si difficile après tout. Bien sûr, cela demande beaucoup d'efforts, mais tout est possible.
N'ayez pas peur ! Ce n'est qu'un sentiment. Si vous le laissez résister, il vous rendra, vous et vos désirs, de plus en plus petits et, au pire, vous deviendrez triste et malheureux. Cette idée n'est-elle pas encore plus effrayante ?

17ème secret : la connaissance est importante

Vous le savez depuis l'école. Vous ne pouvez répondre aux questions que si vous étudiez. Bien sûr, vous saviez que sans étudier, vous n'obtiendriez pas la note que vous vouliez.

Que ce soit à l'école ou en formation, vous avez été façonné par l'apprentissage pendant de nombreuses années et même maintenant, au milieu de la vie, il ne vous laissera pas partir. Qu'en pensez-vous ? Le savoir est caché dans de nombreux coins de votre vie quotidienne. Juste quand vous pensez tout savoir, quelque chose de nouveau apparaîtra que vous ne savez pas.

Si vous voulez faire carrière dans votre entreprise ou avec votre idée, vous devrez certainement étudier de nouvelles choses. Vous deviendrez plus intelligent en tirant les leçons de vos expériences et vous saurez à chaque fois comment mieux agir.

Si les gens autour de vous pensent qu'ils n'ont plus à apprendre et qu'ils savent déjà tout, qu'ils les croient, car en réalité ces gens en savent moins qu'ils ne le pensent !
Cela ne devrait pas être votre problème, car vous savez que personne dans le monde ne cesse jamais d'apprendre.

Conclusions

Vous avez terminé votre voyage ! Fermez les yeux un instant et respirez profondément. Maintenant, demandez-vous à quoi vous pensez en ce moment. Combien de fois avez-vous relu une phrase parce que vous n'y croyiez pas ? Combien de fois avez-vous douté de votre raisonnement parce que vous aviez peut-être vous-même des idées similaires, mais que vous n'avez jamais osé les mettre en pratique ?

Il y a certainement eu des hauts et des bas dans les sentiments : maintenant, vous êtes beaucoup plus près de réaliser votre rêve.

Vous savez maintenant qu'il est de plus en plus possible de devenir millionnaire. Cela ne fonctionnera pas du jour au lendemain, mais c'est mieux ainsi. La patience est de mise, car vous ne voudrez même pas dépenser votre argent gagné du jour au lendemain. Vous aurez envie d'en profiter longtemps et de satisfaire un souhait après l'autre.

Vous savez maintenant quelles règles sont importantes et quelles suggestions peuvent vraiment vous aider. Vous pourriez apprendre comment vous pouvez rester millionnaire et quels sont les secrets qui se cachent derrière cet épanouissement. Maintenant, c'est à vous d'agir et de transformer vos idées en quelque chose qui fera de vous une personne riche.

N'oubliez jamais l'importance de croire en vous ! Vous ne réussirez que si vous réussissez et si vous ne vous arrêtez pas aux obstacles. Vos idées ne trouveront pas toujours un terrain fertile. S'il y a un rejet, cela ne signifie pas que c'est une mauvaise idée, juste un mauvais moment. Allez-y et essayez à nouveau à un autre moment avec un partenaire différent ou un concept différent. Cela semble souvent plus facile qu'il n'y paraît, mais vous pouvez le faire en toute tranquillité. Pensez toujours à votre rêve et vous pouvez déplacer des montagnes.

Allez-y pas à pas, gardez ce livre à portée de main et ne vous laissez pas déranger ! Vous avez tout le temps du monde pour planifier ce qu'une personne riche peut vous faire. Restez toujours fidèle à vous-même et ne vous laissez pas trop influencer par les autres. Bien sûr, s'ils ont des conseils, vous pouvez les écouter, mais vous n'êtes pas obligé de tout faire juste parce qu'on vous le demande.

Pensez toujours à la joie et au plaisir, car vous ne devez jamais perdre ces deux joies.

Maintenant, suivez votre propre chemin et devenez enfin le millionnaire que vous avez toujours voulu être : votre rêve est à portée de main !

Espace pour les notes personnelles

Luca Canizzaro

Retrouvez d'autres livres ici

SCAN ME

Le Principe de Pareto

SCAN ME

Se débarrasser des pensées négatives

Merci pour votre soutien

Exclusions de responsabilité

La mise en œuvre de toutes les informations, instructions et conseils contenus dans ce livre électronique est à vos propres risques. Pour les dommages de toute nature, l'auteur n'assume aucune responsabilité légale. L'auteur exclut toute les réclamations de responsabilité contre lui pour les dommages matériels ou immatériels causés par l'utilisation ou la non-utilisation des informations ou l'utilisation d'informations incorrectes et/ou incomplètes. Par conséquent, toute réclamation légale et d'indemnisation ne sera pas acceptée. Ce travail a été créé et écrit avec le plus grand soin, grâce aux connaissances et des convictions disponibles au moment de l'écriture. Pour l'actualité, l'exhaustivité et la qualité de l'information, l'auteur n'assume aucune responsabilité. En outre, les erreurs d'impression et la désinformation ne peuvent pas être complètement exclues. Pour des informations incorrectes écrites par l'auteur, aucune responsabilité légale sous quelque forme que ce soit ne sera acceptée.

Droits d'auteur

Notes légales

ISBN: 9798576946808

1ère édition

Contact :
La Mancusa Daniele
Vorstadtstr. 52
73614 Schorndorf

Printed in Germany
by Amazon Distribution
GmbH, Leipzig

23300878R00061